Dr Emile BERGER,

Membre correspondant des Académies Royales de Médecine
de Belgique et de Madrid

Loupe binoculaire simple

et

Lunette

stéréoscopiques.

Avec 7 figures.

PARIS

Librairie C. REINWALD.

SCHLEICHER FRÈRES, ÉDITEURS.

15, RUE DES SAINTS-PÈRES, 15

1900

LOUPE BINOCULAIRE SIMPLE

ET

LUNETTE STÉRÉOSCOPIQUES

OUVRAGES DU MÊME AUTEUR

Anatomie normale et pathologique de l'œil. Ouvrage couronné par l'Académie des Sciences. Avec 31 figures dans le texte, et 12 planches hors texte. Deuxième édition. Paris, chez Octave Doin. 1893.

La chirurgie du sinus sphénoïdal. Récompense du Prix Amussat (Académie de Médecine de Paris, 1892), Paris, chez Octave Doin, 1890 (épuisé).

Rapports entre les maladies des yeux et celles du nez et des cavités voisines. Avec 6 figures intercalées dans le texte. Paris, chez Octave Doin. 1892.

Les maladies des yeux dans leurs rapports avec la pathologie générale. Leçons recueillies par le Dr de Saint-Cyr de Montlaur, revues par le professeur. Avec 43 figures intercalées dans le texte. Mention honorable du prix Châteauvillard de la Faculté de Médecine de Paris (1893). Paris, chez G. Masson, 1892.

Untersuchungen über den Bau des Gehirns und der Retina der Arthropoden. Avec 5 planches, Wien, Hôlder, 1878.

Der Hornhautspiegel und seine praktische Anwendung (avec 5 figures), Berlin, Grosser, 1885 (épuisé).

Die Netzhautablösung, Berlin, Grosser, 1885.

Die Krakheiten der Keilbeinhöhle und des Siebbeinlabyrinthes und ihre Beziehungen zu Erkrankungen des Sehorganes. En collaboration avec le Dr Tyrman (avec 9 figures). Wiesbaden, Bergmann, 1886.

Beiträge zur Anatomie des Auges in normalem und pathologischem zustande. Avec 12 planches. Wiesbaden, Bergmann, 1887.

Die Sehstörungen bei Tabes dorsalis und Versuch einer einheitlichen Erklarung des Symptomencomplexes der Tabes. Avec 24 figures. Wiesbaden, Bergmann, 1889.

Dr Emile BERGER,

Membre correspondant des Académies Royales de Médecine
de Belgique et de Madrid

Loupe binoculaire simple

et

Lunette

stéréoscopiques.

Avec 7 figures.

PARIS

Librairie C. REINWALD.

SCHLEICHER FRÈRES, ÉDITEURS.

15, RUE DES SAINTS-PÈRES, 15

1900

PRÉFACE

—

Toute innovation rencontre, forcément, au début, des indifférents qui en méconnaissent la portée, des adversaires qui la nient et des admirateurs qui l'exagèrent. Lorsque j'eus l'idée de remplacer la loupe simple par un appareil binoculaire, je savais d'avance qu'il me faudrait avoir maille à partir avec les adversaires, persuader les indifférents, et tolérer le zèle imprudent des admirateurs. Mais les faits ont dépassé mes prévisions. Mon appareil n'avait pas encore paru que, déjà, certains journaux bien informés annonçaient à leurs lecteurs que je venais, dit-on, de construire un appareil transformant la loupe simple en loupe binoculaire et stéréoscopique. Incroyable assertion, cette transformation étant absolument impossible. Et sans, d'ailleurs, se renseigner davantage, des journaux spéciaux publièrent des articles dont l'imagination faisait tous les frais ; mais la malveillance éclatait surtout dans les schemas fantaisistes et à dessein erronés dont s'illustraient ces articles. La défiance ou, du moins, le doute, devait en naître fatalement même chez des lecteurs ne possédant que d'élémentaires notions d'optique.

Je présentai — seule réponse raisonnable en semblable occurrence — mes appareils à différentes Académies et Sociétés savantes qui y furent accueillis favorablement et je remercie de cet accueil les savants éminents qui ont bien voulu être attentifs à mon invention. Un certain nombre même se sont occupés de sa mise en pratique, l'ont fait connaître aux savants spécialistes, aux artistes et aux industriels qui pouvaient avoir intérêt à s'en servir. Les uns et les autres m'ont permis de résumer, sans polémique, les résultats acquis et les avantages constatés par l'emploi de mes appareils.

Quelques savants ont consenti à exprimer leur opinion dont certains m'ont prié de taire leur nom à cause du point de vue commercial de ma découverte. Bien entendu, je me suis conformé à leur désir. Quant aux avis des Sociétés savantes il est incontestable qu'ils sont d'ordre public. C'est pourquoi je n'ai pas pu défendre à mes fabricants de se servir de leur autorité. Je suis sûr que personne ne me reprochera de les citer dans ce travail qui s'adresse, d'abord et surtout, au monde savant.

Voilà pour les adversaires. Le monde scientifique plus que moi-même a répondu à leurs attaques. Mais l'indifférence de certains industriels et même de quelques savants m'a très vivement frappé. Ceux-ci considèrent qu'il est plus agréable, en effet, de se servir des deux yeux que d'un seul ; mais cet avantage résumerait toute la supériorité de mes appareils. Qu'il me soit permis de leur répondre que le rétablissement de la vision binoculaire n'est pas seulement un avantage, mais un bienfait. Tous les ophtalmologistes désirent arriver à rétablir cette vision binoculaire chez les malades qui l'ont perdue, à la suite d'un trouble de l'appareil oculo-moteur de l'œil ou de toute autre cause. Je leur rappelle qu'à l'heure actuelle on ne se contente plus de guérir le strabisme au simple point de vue cosmétique, mais que l'on cherche aussi à rétablir la vision binoculaire. Des ophtalmologistes des plus éminents se sont occupés activement de cette question capitale.

Nous espérons que cette indifférence prendra fin. Est-il vraiment nécessaire de prouver la nécessité de rendre les bienfaits de la vision binoculaire à ceux qui sont forcés, par l'imperfection de l'outillage actuel, d'être borgnes pendant leur travail?

Mais, ni les adversaires, ni les indifférents n'étaient redoutables. Les uns s'amenderaient fatalement ; les autres seraient bien forcés de se rendre, un jour ou l'autre, à l'évidence. Le plus grand danger pouvait venir des admirateurs trop zélés. Je regrette par cette raison les exagérations de la presse politique. Leurs articles en effet suffiraient à empêcher les savants d'accorder à mon invention l'attention désintéressée qu'elle mérite au point de vue purement scientifique ; en outre, il est toujours à craindre que les exagérations n'arrivent à produire une déception.

En présence de cet état de choses j'ai jugé nécessaire de résumer, dans une brochure, la description et les avantages de mes appareils. Le présent travail ne donne toutefois que les résultats dont j'ai été personnellement informé. Mais les résultats que je cite suffiront, je l'espère, à convaincre les uns, à éveiller l'intérêt des autres, à ramener à d'équitables proportions des exagérations manifestes. C'est la seule arme dont je veux me servir pour combattre les adversaires, l'appel le mieux écouté des indifférents à qui je m'adresse, l'unique moyen de défense contre le zèle imprudent de quelques-uns.

Dr E. BERGER.

LOUPE BINOCULAIRE SIMPLE

ET

LUNETTE STÉRÉOSCOPIQUES

La vision stéréoscopique.
Avantages des instruments stéréoscopiques.

La vision binoculaire nous permet d'apercevoir les objets extérieurs avec une netteté et une précision beaucoup plus grandes que la vision monoculaire. L'explication de ce fait, prouvé par la pratique journalière, a été l'objet d'une série de recherches de savants physiciens-physiologistes et ophtalmologistes. L'avantage de la vision bino, culaire consiste surtout dans l'appréciation du relief, dans la faculté de reconnaître les objets, avec une grande précision, dans leurs trois dimensions : hauteur, largeur et profondeur.

Il y a, en effet, toute une série de moyens qui nous permettent d'apprécier le relief et la distance des objets : superpositions des contours, ombres, comparaison de la grandeur apparente d'un objet avec celle d'un autre objet qui nous est connu, degré de la convergence, etc. Mais tous ces moyens sont loin de la vision binoculaire qui permet l'appréciation extrêmement fine du relief par valoir la différence des deux images rétiniennes.

Chaque objet que nous regardons se dessine, en effet, sur notre organe visuel, en deux images légèrement différentes. Les anciens (*Euklide, Galien, Porta, Aguilonius*) avaient déjà bien remarqué cette différence des deux images rétiniennes, mais sans se douter même du rôle capital que joue cette différence dans la vision. *Leonardo da*

Vinci (1) fut le premier qui apprécia leur importance pour la vision corporelle ; il a bien reconnu qu'aucun tableau ne peut copier fidèlement la nature, car il n'est pas au pouvoir du peintre de reproduire l'impression qu'il reçoit par la différence de deux images rétiniennes. L'invention du stéréoscope à miroir par *Wheatstone* (1833) et du stéréoscope à lentilles prismatiques par *David Brewster* (1843) a jeté un nouveau jour sur la théorie de la vision binoculaire et l'importance de la différence des deux images rétiniennes pour l'impression de la profondeur. On sait, en effet, qu'avec ces instruments on obtient une illusion de la profondeur bien supérieure à celle fournie par n'importe quel procédé de reproduction.

L'importance de la différence des deux images rétiniennes dans la production de l'illusion du relief au stéréoscope a été étudiée par *Helmholtz* (2) d'une façon très détaillée : « Deux images destinées à produire un effet stéréoscopique doivent répondre à deux vues différentes du même objet, reproduites à deux endroits d'observation différents. Par suite, ces images ne doivent pas être identiques, mais comparées avec les images d'un point situé à l'infini, elles sont pour l'œil droit, d'autant plus déplacées à gauche que plus petite est leur distance de l'objet ; elles sont également pour l'œil gauche d'autant plus déplacées à droite que plus petite est leur distance de l'objet. Si l'on s'imagine les deux dessins stéréoscopiques superposés de telle façon que les images des objets situés à l'infini soient superposées, on constatera que les deux images stéréoscopiques d'un objet rapproché seront séparées l'une de l'autre par une distance d'autant plus grande que l'objet est plus rapproché. » *Helmholtz* désigne cette distance sous le nom de *parallaxe stéréoscopique*. Soit la distance des deux yeux $= 2a$, la distance du dessin stéréoscopique des yeux de l'observateur $= b$, la distance de l'objet d'un plan vertical, tracé par les yeux de l'observateur $= r$, et la parallaxe stéréoscopique $= e$; on trouve pour cette dernière, d'après *Helmholtz*, la formule ci-dessous :

$$e = \frac{2\,ab}{r}$$

(1) *Leonardo da Vinci*, Trattato della pittura. Rome, 1651.
(2) *Helmholtz*, Optique physiologique.

La parallaxe stéréoscopique augmente donc en proportion directe avec la distance entre les deux yeux et elle est d'autant plus grande que la distance de l'objet par rapport aux yeux de l'observateur est plus petite.

La finesse de l'appréciation du relief est en proportion directe avec la parallaxe stéréoscopique. En effet, nous savons depuis longtemps que l'illusion du relief d'un paysage que le stéréoscope nous procure est d'autant plus accentuée que plus grande est la différence de ses deux vues photographiques.

Les mêmes considérations sont exactes pour l'appréciation du relief du monde extérieur. L'appréciation du relief des objets qui nous entourent est d'autant plus fine que l'intervalle entre les deux yeux de l'observateur est plus grand, et que la distance de l'objet par rapport avec l'observateur est plus petite. C'est la raison pourquoi les personnes, dont l'écartement pupillaire est grand, et c'est pourquoi les myopes, d'après nos recherches personnelles, ont une appréciation fine du relief (du moins tant que leur myopie leur permet la convergence dans leur remotum).

Au contraire, une étroitesse de l'écartement pupillaire ou une grande distance de l'objet donnent à l'observateur une appréciation moins fine du relief.

Un élargissement virtuel de l'écartement pupillaire, c'est-à-dire le développement des deux images rétiniennes aussi différentes qu'elles seraient, si les yeux de l'observateur étaient déplacés tous les deux vers les tempes (téléostéréoscope de *Helmholtz*), donne à l'observateur la faculté d'apprécier très finement le relief ; au contraire, une diminution virtuelle de l'écartement pupillaire de l'observateur (iconoscope de *Javal*) (1) entraîne une diminution de l'impression du relief : les objets paraissent plats comme une peinture.

Mais l'appréciation du relief par la différence des deux images rétiniennes est une fonction corticale ; l'entraînement y joue un rôle important. Il est donc évident qu'avec un écartement pupillaire égal de deux individus, celui qui a acquis cet entraînement, un artiste par

(1) Voir *Tscherning*, Optique physiologique, p. 301.

exemple, appréciera le relief avec une précision beaucoup plus grande
qu'un autre qui n'a pas acquis cet entraînement.

La supériorité de la vision binoculaire, comparée avec la vision monoculaire, a depuis fort longtemps encouragé les physiciens à trans-
former surtout les instruments d'optique d'un usage journalier : téles-
cope, lorgnon de théâtre, loupes composées, microscope, en *appareils
binoculaires*.

Depuis, dans ce dernier temps, grâce à l'initiative de *Helmholtz*, on
les a transformés en *instruments stéréoscopiques* qui augmentent, chez
l'observateur, la différence des deux images rétiniennes, différence qui
est due à l'élargissement virtuel de l'écartement pupillaire des deux
yeux. Les longues-vues et jumelles stéréoscopiques, construites d'après
ce dernier principe, donnent à l'observateur une plus grande finesse
de l'appréciation du relief et permettent d'examiner les objets avec
une précision étonnante.

La supériorité des longues-vues et jumelles stéréoscopiques sur les
anciens instruments d'un grossissement plus fort a obligé tous les
états du monde entier à les introduire, malgré leur prix élevé et la pé-
nurie des budgets, dans leurs armées de terre et de mer.

Au contraire, la perte de la vision stéréoscopique, perte due soit à
un défaut d'usage prolongé ou à un affaiblissement de la vue ou à la
perte d'un œil, soit à un trouble fonctionnel de certaines parties de
l'écorce cérébrale, enlève à l'observateur une part importante de ses
capacités techniques.

On comprend donc les grands avantages que la transformation de la
loupe simple en loupe binoculaire et stéréoscopique et celle de la lunette ordinaire pour la vision de près en lunette stéréoscopique pourrait
avoir pour l'observateur.

Loupe binoculaire stéréoscopique. — Théorie.
Emploi dans les sciences, les arts et l'industrie.

Parmi les instruments d'un usage journalier, seule, la loupe simple
qui est un instrument de travail dans certaines sciences (médecine et

particulièrement dermatologie, ophtalmologie, sciences naturelles), dans certains arts (gravure, miniature), dans certaines industries (horlogerie, bijouterie, lithographie), et la loupe à lecture des malades amblyopes n'a subi depuis des années aucune modification.

Le travail prolongé, à l'aide d'un instrument monoculaire, présente divers inconvénients :

1° Surmenage de l'œil qui travaille, fatigue de l'orbiculaire des paupières de l'œil fermé, perte de la vision binoculaire assez fréquente chez les travailleurs qui laissent ouvert, pendant le travail à la loupe, l'œil qui ne travaille pas. La suppression psychique de l'image rétinienne de cet œil peut, en effet, persister en dehors du travail à la loupe et occasionner même du strabisme (*Lawrentjew* et autres auteurs). Les borgnes de cette nature sont plus fréquents qu'on ne le croit.

2° La faculté technique du travail est diminuée chez les borgnes. Il nous suffit de rappeler, à ce sujet, les travaux importants de *Zehender*, *Magnus* et de *Groenouw* établissant que la perte d'un œil retentit en général, d'une façon désastreuse, sur le travail de l'individu. Il en résulte le plus souvent une infériorité notable de sa capacité.

Dans les pays, comme l'Allemagne, où la loi exige, pour les ouvriers, une assurance contre les accidents du travail, les compagnies d'assurances se basent pour cette évaluation sur les travaux des ophtalmologistes ; pour certaines professions, comme par exemple pour les mécaniciens de précision, la rente viagère en cas de perte d'un œil est évaluée à 34,4 o/o du salaire annuel avant l'accident (*Borbrik* (1) ; en général, le tribunal d'assurances de l'Empire (Reichsversicherungsamt) l'a évalué au 1/4 du salaire antérieur (*Maschke*) (2).

Si l'on admet, chez les horlogers, graveurs, etc., une finesse de travail égale à celle des mécaniciens de précision, on conçoit facilement qu'il serait avantageux de remplacer, dans ces professions, la loupe monoculaire par un appareil binoculaire.

Mais les loupes binoculaires actuelles ne peuvent remplacer la loupe monoculaire simple, dans certaines sciences, dans certains arts et dans certaines industries, dont nous avons parlé, à cause : 1° de leur gros-

(1) Borbrik, Ueber Erwerbsverminderung bei Augenverletzuungen. *Berlin. Dissertation*, 1897.

(2) *Maschke*, Die augenärztliche Unfallpraxis. Wiesbaden, 1899, p. 86.

sissement trop fort; 2° de la grande étroitesse de leur champ visuel.

Rappelons que les loupes et microscopes binoculaires actuels sont construits d'après deux principes : 1° deux microscopes (*Cherubin*, 1678) ou loupes composées (*v. Zehender-Westien*, 1887; *Leitz; Schanz*) à longs foyers et à axes convergents (correspondant à la convergence des lignes visuelles) placés devant chaque œil; 2° loupes et microscopes à court foyer avec interposition de prismes entre l'oculaire et l'objectif (*Ridell*, 1853; *Nachet*, 1854; *Giraud-Teulon; Wenham;* etc.).

On a essayé d'utiliser l'action prismatique d'une lentille convexe décentrée (*Brücke, Liebreich*) : ces essais n'ont pu aboutir qu'à la construction d'une loupe binoculaire à long foyer. Il est facile de concevoir que lesdites lentilles n'ont qu'une action prismatique faible et ne diminuent la convergence que d'une façon insuffisante. En effet, à cause de l'écartement des deux yeux, les rayons lumineux émanant d'un objet rapproché, situé dans la ligne médiane (fig. 1, A.) arrivent sur les parties temporales des deux lentilles, où l'action prismatique est forte, sur un angle si grand qu'ils se perdent par réflexion. Au contraire, les parties nasales des lentilles situées près des centres n'ont qu'une action prismatique faible. La partie des lentilles convexes décentrées que les rayons lumineux, émanant d'un objet rapproché, peuvent traverser, augmente, en effet, en proportion de la grandeur du foyer.

Les grandes loupes servant pour agrandir les photographies, loupes à long foyer, ne sont, au point de vue optique, qu'identiques au système *Brücke-Liebreich*. La partie centrale desdites loupes est, en effet, inactive.

Ces considérations m'ont amené à élargir l'angle-limite par l'inclinaison des lentilles, l'une par rapport à l'autre, à l'horizontale. Cette inclinaison des verres ne doit cependant pas dépasser une certaine limite à cause de l'Astigmatisme (As) qu'elle provoque, et qui est, dans ma loupe, égale au 1/13 du foyer des lentilles.

L'As. des lentilles inclinées est depuis fort longtemps connu. *Thomas Young* l'utilisait déjà en 1801 pour la correction de son propre As. *Swan Burnett* (1), *John Green* (2) et *Monoyer* (3) l'ont très

(1) SWAN BURNETT, A theoretical and practical treatise of Astigmatisme. Saint-Louis, 1887, J. H. Chambers.
(2) JOHN GREEN, *Trans. of. the. American ophtalmolog. Society*, 1885.
(3) MONOYER, *Archives d'ophtalmologie*, 1898, mars.

bien étudié; je renvoie les lecteurs à leurs travaux. En examinant la
façon dont les différents observateurs se servent de la loupe monoculaire, j'ai toujours été frappé de son inclinaison, faite dans le but de
corriger l'As.

L'As des lentilles composant ma loupe n'est nullement un désavan-
tage; il est au contraire d'une certaine utilité pour la correction de l'As.

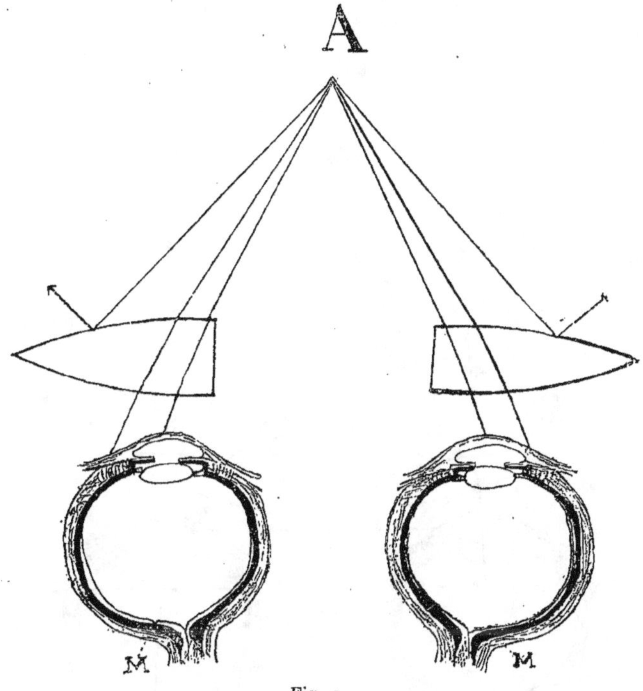

Fig. 1.

de l'observateur. L'As. desdites lentilles atteint, en effet, son maximum
dans le méridien horizontal, c'est-à-dire à l'inverse des yeux humains
dans une proportion de 90 à 94 pour cent (de *Steiger*) (1). Une inclinaison de ma loupe à la verticale permet de diminuer le degré de l'As.
des lentilles.

L'exemplaire de ma loupe que M. le professeur Lippmann m'a fait

(1) STEIGER, Beiträge zur Physiologie und Pathologie der Hornhaut. Wiesbaden,
1896.

l'honneur de présenter, en mon nom, à l'Académie des Sciences (1), a un foyer de 10 D. ; son As. est de 3/4 D. (contre la règle); l'As. de mes yeux est de 0,25 D. (selon la règle). Il suffit d'une légère inclinaison de ma loupe à la verticale pour corriger mon propre As. Généralement,

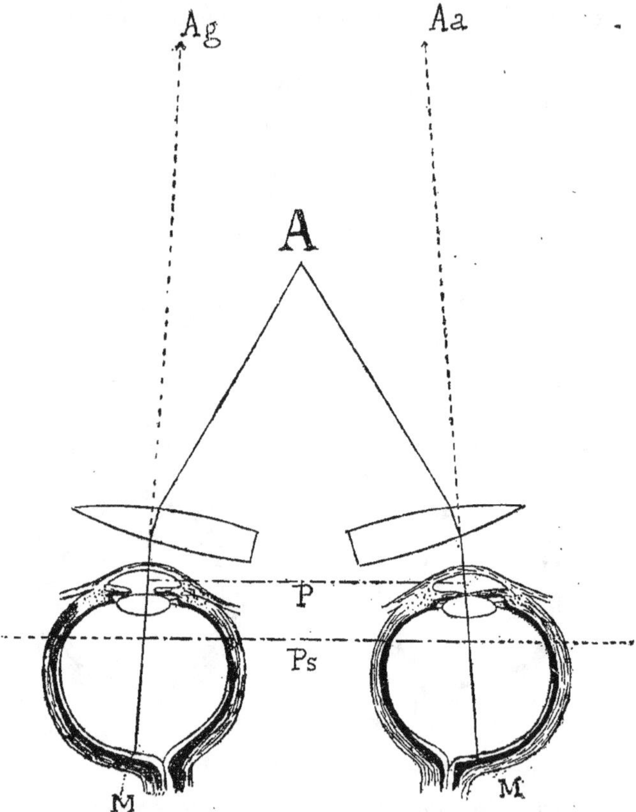

Fig. 2

il est préférable de corriger, par l'inclinaison à la verticale, l'As. de l'œil directeur (*Tscherning*) ; mais on peut, soit donner des inclinaisons différentes à la verticale, aux deux lentilles, dans les cas où l'As. des

(1) Voir *Compt. rend. de l'Académie des Sciences*, séance du 20 nov. 1899. Le fabricant de cette loupe est M. Clermont-Huët, à Paris, 114, rue du Temple.

deux yeux est d'un degré différent, soit surajouter des verres cylindriques dans les cas où l'observateur a un As. inverse à axes obliques.

Le problème se ramenait à trouver une inclinaison suffisante pour permettre aux rayons lumineux de traverser les lentilles dans les parties où leur action prismatique est très forte sans être gêné par l'astigmatisme provoqué par l'inclinaison des lentilles.

Rappelons que l'action prismatique d'une lentille biconvexe est égale à zéro, dans l'axe ; elle est très faible dans la partie péri-centrale, s'augmente ensuite dans la zone moyenne et arrive à son maximum dans les parties périphériques, qui, dans les lentilles ordinaires, ne peut être utilisée, à cause de son aberration sphérique.

Le schéma de la marche des rayons lumineux de notre loupe est indiqué dans la fig. 2. On y voit deux lentilles convexes, décentrées et inclinées, l'une par rapport à l'autre, à l'horizontale. Un objet placé dans le foyer donne, grâce à l'action prismatique de la zone moyenne de chaque lentille, deux images, l'une pour l'œil droit (Ad), l'autre pour l'œil gauche (Ag). Ces deux images arrivent sur deux points et deux lignes des rétines (Md et Mg) et sont par suite perçues, par le cerveau, comme appartenant à un seul objet.

Cet instrument est donc l'inverse du stéréoscope qui, réunissant deux images en une seule, nous donne l'*illusion* du *relief* de l'objet. La loupe nouvelle, au contraire, nous procure le *relief réel* des objets rapprochés.

Nous avons perfectionné notre loupe, d'après les conseils que M. le

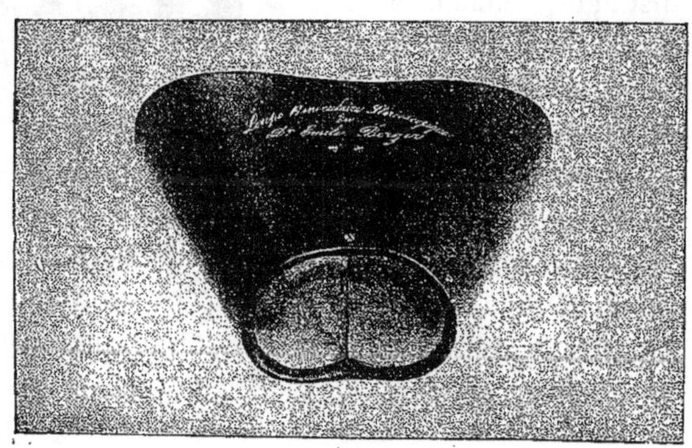

Fig. 3.
Loupe binoculaire stéréoscopique.

Pr *Abbe* (de Jena) a bien voulu nous donner ; elle est composée de lentilles aplanétiques pour les usages industriels, achromats, au contraire, qui rendent l'appareil lourd et coûteux, ne peuvent servir qu'aux appareils destinés aux savants et aux artistes.

2

Les lentilles sont montées dans une sorte de chambre noire, formant abat-jour et qui les associe latéralement (fig. 3). Nous avons fait construire pour certaines professions une loupe binoculaire, dont les lentilles décentrées et inclinées sont montées en forme de lunette ou de pince-nez. Dans la direction du regard en bas, on examine l'objet à travers les verres de la loupe ; on n'a qu'à lever les yeux pour orienter le regard au loin. Les verres sont d'une dimension suffisante pour permettre l'examen d'une montre dans tous ses diamètres.

L'emploi de notre loupe binoculaire, dans ces deux formes, demande certains conseils pratiques. Une mise au point exacte est nécessaire, pour éviter de voir double. On commence par examiner un engrenage de montre ou un morceau de ouate effilée. D'abord on regarde en bas et par terre à travers les verres de la loupe ; puis on rapproche l'objet peu à peu ; subitement on distingue l'image avec une grande netteté. Quand on voit double pendant l'examen, c'est qu'on a dépassé le foyer. Pour la lunette-loupe, il est important de savoir

Fig. 4

Examen avec la loupe binoculaire stéréoscopique.

que c'est en rapprochant les verres vers les yeux et en les éloignant, qu'on finit par trouver après une série de tâtonnements la position la plus pratique par rapport à l'écartement pupillaire individuel. On remonte ensuite les crochets de la monture, et l'on fixe ainsi la position des verres pour tout examen ultérieur. Certains examinateurs ont l'habitude de faire converger fortement les lignes visuelles, cela est inutile.

En examinant un objet, à l'aide de ma loupe, on constate : 1° qu'elle produit des images très différentes pour les deux yeux ; 2° que les images sont d'autant plus déplacées vers le côté temporal que le foyer des lentilles est plus court.

Le premier phénomène en explique l'effet stéréoscopique très marqué. Le deuxième phénomène nous explique qu'on puisse observer, à l'aide de notre loupe, sans éprouver la fatigue de la convergence. Par l'action prismatique des lentilles, les images des deux yeux sont aussi différentes qu'elles le seraient si notre écartement pupillaire (Fig. 2 P) était élargi (P. S). L'optique ne peut cependant, que nous procurer une différence plus grande des deux images rétiniennes; c'est au cerveau qu'il appartient d'apprécier le relief par la différence de ces deux images. Il faut qu'il apprenne encore à se servir d'un organe visuel à écartement pupillaire virtuellement élargi. En effet, avec notre loupe, l'impression stéréoscopique ne se produit que par un certain entraînement, plus facile, en général, à acquérir chez les jeunes gens que chez les vieillards;

Fig. 5.
Examen avec la lunette-loupe.

elle se manifeste dès le début chez des gens qui se servent des longues-vues stéréoscopiques.

On peut évaluer, avec notre loupe, des différences de niveau de $1/50^e$ à $\dfrac{1}{100^e}$ d'un millimètre, c'est-à-dire qu'on arrive à distinguer des détails qui jusqu'ici nécessitaient un examen micrographique (observations et évaluations de M. *Guillaume*, du Bureau International des Poids et des Mesures, et de MM. *Paul* et *Prosper Henry*, astronomes de l'Observatoire de Paris).

L'effet stéréoscopique de notre loupe est très différent selon les sujets. C'est ainsi qu'un membre de la société de photographie nous demandait si notre loupe ne serait pas d'un effet stéréoscopique trop fort pour l'usage des graveurs, des horlogers, etc.; à l'Institut Pasteur au contraire il nous avait été difficile de démontrer cet effet stéréoscopique à un certain nombre de savants ayant l'habitude d'un travail prolongé au microscope. Certains observateurs, en effet, ne voient qu'avec un œil quand ils regardent un objet avec notre notre loupe. Ils ne perçoivent l'autre image que quand l'œil qui observe généralement est fermé. Ce fait nous explique pourquoi *Arago* avait toujours prétendu que l'on ne voit, au stéréoscope, qu'avec un œil.

Mais il se peut aussi que l'appréciation du relief soit très peu développée chez certaines gens jouissant d'une bonne vision binoculaire. En effet, nous sommes frappés de ce fait qu'un certain nombre de savants auxquels nous avons présenté notre loupe, ne jugent le relief que par la superposition des contours ou l'ombre des objets et nullement par la différence des deux images rétiniennes. Notre loupe n'est pour eux que binoculaire et nullement stéréoscopique. Il existe probablement des anomalies du soi-disant « sens stéréoscognosique », soit que la faculté d'appréciation du relief par deux images très différentes d'un objet ne se soit pas développée, soit qu'un travail monoculaire prolongé ou des troubles fonctionnels du cerveau l'ait aboli. Ainsi, chez des hystériques et dans un cas de début de paralysie générale, nous n'avons pu constater l'aperception d'un relief très fin avec notre loupe qui devient généralement très net chez d'autres sujets.

Tandis que tous les savants auxquels j'ai soumis ma loupe sont tombés d'accord quand il s'est agit d'apprécier ses avantages, au point de vue de la vision binoculaire, quelques-uns n'ont pu mesurer son importance au point de vue de l'effet stéréoscopique.

Qu'il me soit permis de citer parmi les savants français qui se sont rendu compte de l'effet stéréoscopique marqué de notre loupe : M. le P$_r$ *Lippmann*, MM. *Guillaume*, *Paul* et *Prosper Henry*, Pr *Gley*, et *Chauvel*, parmi les savant allemands le P^{rs} *A. Kœnig*, *Kriegar-Menzel*, *Lindek*, *Westphal*, etc.

M^r le Pr *Ramon y Cajal* (Madrid) nous a écrit, à ce sujet : « J'ai reçu et essayé votre loupe binoculaire stéréoscopique et je trouve qu'elle est très utile dans les travaux de fine dissection nécessaires en micrographie. Je pense y ajouter un statif qui rendra plus aisé l'emploi de votre loupe et laissera libres les mouvements des mains. *L'effet stéréoscopique est parfait et même exagéré comme vous l'avez indiqué.*

Suivant votre désir, j'ai eu l'honneur de présenter votre appareil et votre brochure à l'Académie des Sciences de Madrid et les membres, mes confrères, ont constaté avec plaisir les avantages très considérables que votre loupe possède sur toutes celles servant jusqu'ici aux travaux de dessiner, disséquer, examiner et classifier les petits animaux, retouches de clichés photographiques, etc. »

Il me semble très intéressant de citer également ici ce passage d'une lettre que m'a écrite le *capitaine Moch*: « L'instrument est, en vérité, tout à fait surprenant et j'ai passé une bonne partie de ma matinée à regarder avec son aide tout ce qui me tombait sous la main, comme un enfant qui a reçu un jouet neuf. L'impression du relief est saisissante. Je ne doute pas que vous arriviez à répandre extraordinairement cette loupe, ainsi que vos nouvelles lunettes, qui rendront encore service à tant de gens. »

Quant à l'avantage qui résulte du remplacement de la loupe simple par notre appareil les avis des savants sont concluants. Un savant belge résume ainsi les qualités demandées d'un appareil de ce genre : « Il est certain que l'emploi d'une bonne loupe binoculaire et réellement stéréoscopique, permettant d'utiliser les deux yeux dans les travaux de grande finesse (horlogers, graveurs, oculistes, etc.) était de beaucoup préférable à l'usage de la loupe monoculaire. Celle-ci a des inconvénients de divers ordres qui feraient certainement admettre par tous les intéressés un instrument permettant le travail binoculaire, pourvu que celui-ci n'occasionnât pas de fatigue de la convergence, et pourvu que le grossissement et le champ visuel soient tels que l'exigent les travaux en question. »

En effet, la construction de la nouvelle loupe est possible avec des lentilles de tous les foyers utilisés généralement pour la loupe simple. En résumé : la loupe nouvelle conserve le foyer et le grossissement de l'ancienne loupe ; elle agrandit le champ visuel ; elle supprime le surmenage de l'œil qui travaillait seul et la fatigue de l'orbiculaire palpébral de l'autre œil qui restait fermé pendant le travail, elle rend la vision binoculaire aux savants, aux artistes et aux ouvriers forcés, par leur outillage actuel, d'être borgnes pendant leur travail: elle est à effet stéréoscopique, si utile aux savants, aux artistes et aux ouvriers dont le travail exige une grande finesse d'exécution ou d'observation;

elle permet l'examen prolongé d'un objet très rapproché sans la fatigue de la convergence, enfin, elle permet pour les 90 à 94 pour 100 des yeux humains, la correction de l'astigmatisme individuel (tant que son degré ne dépasse pas le 1/13 du foyer de la loupe).

Je me suis adressé à un grand nombre de savants, artistes et industriels, pour savoir si le nouvel appareil avait les qualités requises pour remplacer la loupe simple dans tous les cas où elle est employée. Leurs réponses sont toutes entièrement favorables ; qu'il me soit permis de citer l'avis de quelques-uns ; je prie les autres de vouloir bien m'excuser de ne pouvoir ici les reproduire tous.

M. le *Prof. Truc* nous écrit : « Je crois, en effet, que vous avez résolu un appareil utile et d'une grande simplicité. Son usage se répandra sûrement parmi ceux à qui il s'adresse. » M. le Pr *Haltenhoff* (de Genève) nous écrit : « Vous avez eu une excellente idée, la simplicité, la facilité de sa réalisation ainsi que le prix modique des appareils me semble assurer leur avenir dans la pratique. » (Sie haben da einen famosen Gedanken gehabt, die Einfachheit desselben und die Leichtigkeit von dessen Verwirklichung, sowie der geringe Kostenpreis der Apparate scheint mir die Zukunft derselben in der Praxis zu sichern.) M. le D^r *v. Sicherer*, Privat-Docent d'Ophtalmologie à Munich, nous remercie d'avoir été chargé « de la démonstration d'un appareil ingénieusement réalisé, si précieux pour les diverses branches de la science et de l'art » (dass Sie mich mit der Demonstration eines so geistreich ausgeführten, für die verschiedensten Zweige der Wissenschaft und Kunst so wertvollen Instrumentes beauftragt haben.)

L'impartialité nous impose aussi de citer le seul avis négatif. M. *Juler* (de Londres) nous écrit: « Je regrette de dire que je ne puis *personnellement* réaliser un grand avantage par rapport à la loupe simple. » (I regret to say, that I cannot realise much advantage in its use over that of the simple lens).

Application de la loupe binoculaire stéréoscopique dans les différentes branches de la science, de l'art et de l'industrie.

Voir les présentations dans les Académies des Sciences de Paris (*Pr Lippmann*), de Berlin, de Saint-Pétersbourg, de Madrid (*Pr Ramon y Cajal*), etc.

SCIENCES

Physique. — Voir les Bulletins de la Société Française de Physique (16 avril 1900) et de la Société Allemande de Mécanique et d'Optique (mai 1900). — Lecture des graduations d'instruments de précision, des repères géodésiques dans les mesures rapides, etc. L'examen d'une photographie du ciel permet de reconnaître si un point blanc est dû à un défaut du papier ou à la présence d'une étoile de 8e degré. — En usage à l'Observatoire de Paris, au Bureau International des Poids et des Mesures (*M. Guillaume*), à la Physikalische Reichsanstalt de Berlin (*M. Blaschke*).

Zoologie, Botanique. — Voir l'avis du Pr. Ramon y Cajal (p. 20) et le Bulletin de la Société Française de zoologie, du 7 mars 1900 (présentation de M. de *Guerne*).

Micrographie, Biologie. — Bulletin de la Société de Biologie du 3 mars 1900 (*Pr E. Gley*).

Minéralogie. Chimie. — Examen de cristaux, de mélanges de poudres, de produits chimiques. (Voir la démonstration à l'Exposition de la Société de Physique du 21 avril 1900).

Médecine. — Voir les Bulletins des Académies de Médecine de Paris (présentation de M. *Chauvel*, Médecin-Inspecteur de l'Armée), de Saint-Pétersbourg (*Pr Dobrowolski*), de Turin (*Pr Reymond*), de Bruxelles, de Madrid (*Pr Cervera y Royo*), des Sociétés des Sciences Médicales de Lyon (*Pr Gayet*), de Nancy (*Pr Rohmer*), de Bordeaux (*Pr Lagrange*), de Montpellier (*Pr Truc*), de Marseille (*Dr Nicati*), de Copenhague

(*Dr Gordon Norrie*), de Moscou (*Pr Ewetzky*) et de Constantinople (*Dr Gabriélidès*).

Ophtalmologie. — Voir les Bulletins des Sociétés d'Ophtalmologie de Moscou (*Pr Ewetzky*), de *Munich* (*Docent v. Sicherer*) et de Londres (M. *Juler*), la Revue générale d'Ophtalmologie 1900, mars, et Archiv für Augenheilkunde des *P^rs Knapp et Schweigger* 1900, Juliheft (sous presse).

La nouvelle loupe (joindre l'éclairage oblique) présente de très grands avantages pour l'appréciation de la profondeur d'ulcères cornéens, le siège d'un corps étranger et d'altération dans cette membrane, la profondeur de la chambre antérieure de l'œil, l'examen de l'iris et d'opacités cristalliniennes, etc. On observe, avec une grande précision, le changement d'épaisseur de la zone péri-pupillaire de l'iris pendant l'accommodation, son augmentation dans la mydriase, sa diminution dans la myose; les changements de hauteur des plis circulaires de la partie périphérique dans les mouvements pupillaires, les lacunes de l'iris. Le Dr *Nicati* nous écrit « je vais m'en servir utilement dans l'examen de la cornée, où elle fait merveille ».

« C'est une loupe merveilleuse (Das ist eine wunderbare Lupe) », d'après une lettre que le D^r v. *Sicherer* nous a adressée. Un savant oculiste belge nous écrit : « En ce qui me concerne, elle m'a rendu des services signalés pour l'examen du segment antérieur de l'œil, services que d'autres instruments, construits d'après d'autres principes, ne m'ont pas rendus. Tantôt le grossissement est trop fort, tantôt la mise au point est laborieuse. Bref, ces instruments ne deviendront jamais d'un usage courant dans le cabinet de consultation de l'oculiste, alors que votre loupe, par sa simplicité, son grossissement favorable et son effet stéréoscopique marqué sera d'un usage aussi facile que celui de la loupe convexe simple. »

La loupe binoculaire sous ses deux formes est d'un très grand secours aux amblyopes comme loupe à lecture. Jusqu'ici les amblyopes avaient dû renoncer à l'usage des grandes loupes à lecture (à long foyer) dès qu'ils avaient besoin d'un grossissement plus fort, et se contenter d'une loupe monoculaire à court foyer. Les malades atteints de commencement de cataracte, de choroïdite, d'affections du nerf optique ou de la rétine se servent très avantageusement de la nouvelle loupe. Ils apprennent rapidement à mouvoir les écrits ou les imprimés de manière à suivre les lignes avec la loupe. Une malade que nous soignons avec le Dr *Maurice de Fleury* et qui ne peut plus se servir d'aucune loupe lit tous les jours « le Matin » avec la nouvelle loupe; une autre, cataractée, comme elle, s'en est servie pour la lecture du « Petit Journal ».

Fait curieux, les malades atteints de scotome central, ou de choroïdite de la macula, n'obtiennent, avec la nouvelle loupe, aucun effet stéréoscopique. L'appréciation du relief par la différence des deux images rétiniennes d'un objet serait-elle limitée aux parties centrales du champ visuel?

Névropathologie. — La nouvelle loupe permet un examen très précis des altérations de la réaction pupillaire, de l'hippus (nystagmus pupillæ). Il importe de noter : le défaut de l'augmentation de l'impression de relief avec la nouvelle loupe dans l'hystérie et au commencement de la paralysie générale (voir : Bull. de la Soc. de Biologie, 3 mars 1900). De nouvelles recherches sont nécessaires sur cette question si intéressante avant de pouvoir se prononcer sur son importance au point de vue diagnostic. Chez les névrasthéniques, l'appréciation du relief est augmentée par les appareils stéréoscopiques. (Remarquer, à ce sujet, que la vision stéréoscopique ne doit pas être confondue avec la vision au stéréoscope, confusion que l'on trouve dans certaines observations publiées par les névropathologistes.)

Dermatologie. — Les avantages de la nouvelle loupe pour les dermatologistes ont été exposés par M. le Dr *Gastou* à la Soc. Française de Dermatologie (séance du 23 avril 1900) et dans le Journal des maladies cutanées et syphilitiques du Dr *Fournier*.

Odontologie. — La nouvelle loupe permet de reconnaître avec une grande précision certaines altérations dentaires, félures, rayures de l'émail. Un travail sur ce sujet est préparé par M. le Dr G. *Amoedo*, professeur à l'Ecole dentaire de Paris. Une forme spéciale de la loupe pour l'usage des dentistes a été créée, sur son initiative.

Hygiène. Bactériologie. — Une démonstration des avantages de la loupe binoculaire pour l'examen des cultures pures de microbes a été faite à l'Exposition de la Soc. Franç. de Physique (21 avril 1900).

Paléontologie. — Examen des fouilles. La loupe est en usage au Muséum d'Histoire Naturelle de Paris (Pr *Verneau*).

Paléographie. Numismatique. — Les avantages de la loupe binoculaire pour l'examen de manuscrits, la vérification de leur authenticité, etc., sont exposés dans le journal de M. *Charavay.* (L'Amateur d'Autographes, 15 mai 1900.) En usage à l'Ecole de Chartres et à l'Ecole des Langues Vivantes (Pr *Derenbourg*, de l'Institut).

Géographie. — Les avantages pour cartographes et pour l'examen des tracés géographiques ont été démontrés à la Soc. Franç. de Physique (21 avril 1900) et à la Soc. Allemande de Mécanique et d'Optique (M. A. *Blaschke*).

ARTS

Miniature. — Les conditions dans lesquelles les miniaturistes étaient obligés de travailler avant la nouvelle loupe sont déplorables. Les miniaturistes se servent de lunettes-loupes, Mlle *Grandvarlot*, pour ne citer qu'une personne parmi toutes celles qui s'en sont servies, m'a adressé sa reconnaissance dans des formes si élogieuses qu'il m'est impossible de les reproduire ici. On se sert de loupes de 5 à 8 D.

Sculpture de Médailles. Gravure. — Les essais exécutés jusqu'ici ont donné des résultats absolument favorables. Je dois des remerciements à M. G. *Bèer* et à M. *Labisse*, directeur de « l'Enlumineur », d'avoir bien voulu s'occuper de répandre les avantages du nouveau système parmi les artistes.

INDUSTRIE. COMMERCE. AGRICULTURE

Un des ophtalmologistes allemands des plus éminents nous écrit : « Je considère l'introduction de vos loupes binoculaires prismatiques dans un grand nombre de professions industrielles et autres comme extrêmement importante. « (Ich halte die Einführung von Ihren prismatisch binoculären Lupen für eine grosse Anzahl von gewerblichen und anderen Beschäfligungen für ansserordentlich wichtig.) C'est d'ailleurs à peu près l'avis unanime des savants, artistes et industriels auxquels j'ai eu l'honneur de présenter mes loupes. Je dois des remerciements aux savants qui ont bien voulu entrer eux-mêmes en contact avec les différentes industries pour attirer leur attention sur cette innovation, je les dois surtout à M. *Guillaume*, attaché au Bureau International des Poids et des Mesures, et à M. le Pr *Haltenhoff*, qui, à Genève, à la Société des Arts, au centre de l'horlogerie Suisse, était mieux situé que n'importe quel autre pour faire entendre sa voix si autorisée, en faveur du travail binoculaire substitué dorénavant au travail monoculaire.

Horlogerie. — Par un malentendu inexplicable les horlogers avaient cru, au début, qu'ils étaient obligés de tenir la loupe d'une main et de ne travailler que de l'autre main. C'est pourquoi ils ont préféré la lunette-loupe, tandis que les savants ont préféré la loupe à chambre noire. Cette dernière, telle qu'elle est présentée dans les figures 3 et 4, ne sert, en effet, qu'à l'examen, mais elle est munie d'une bande ou d'un ressort pour la fixation à la tête. Elle peut être encore fixée par un pied, quand elle sert pour le travail. En Allemagne, la « Handelszeitung für die gesammte Uhren-Industrie » a consacré deux articles à notre loupe (1er nov. 1899. 1er avril 1900, pp. 77-78). Un article de M. Ditisheim dans le « Journal de l'Horlogerie Suisse » est sous presse. Je dois des remerciements à MM. *David*, ingénieur de l'Usine de Longines, à M. *Ditisheim* (Chaux-de-Fond), à M. L. *Hirsh* (Trois-Fontaines), à M. *Brandt*, et à M. *Cornioley* qui ont bien voulu étudier cette question. On a préparé une introduction des loupes binoculaires dans les Ecoles d'horlogerie Suisse; M. *Dworsky*, délégué autrichien, a proposé cette mesure à son gouvernement dans un rapport sur l'horlogerie à l'Exposition de 1900. Je recommande tout particulièrement à l'attention de ceux qui s'occupent de l'hygiène de l'œil la qualité déplorable des loupes d'horlogerie de vente courante. On s'en sert pour le travail de loupes de + 13 D, 10 D et de 8 D, pour l'examen des pivots et des pierres de loupes de + 40, 30 ou 25 D.

Filature. Broderie. — Encore à l'étude.

Gravure. Lithographie. — La « Deutsche Graveur Zeitung » (nov. 1900) a attiré l'attention de ses lecteurs sur notre loupe. M. *Friedrich*, graveur à Augsburg, a le mérite d'avoir vulgarisé cette dernière dans son milieu. On s'en sert de + 20 D ou de 13 D.

Photographie. — Voir le Bulletin de la Soc. Franç. de photographie du 2 mars (présentation de M. E. *Horn*). La nouvelle loupe sert pour l'examen de petites photographies, pour la mise au point exacte des appareils, pour certains examens techniques (papier, etc.), pour retoucheurs (lunette-loupe de 4 à 5 D).

Bijouterie. — L'examen des bijoux ou de perles avec la loupe binoculaire permet de reconnaître tous les défauts et les irrégularités avec une précision infiniment supérieure à celle que donne la loupe simple même d'un grossissement plus fort. MM. *Stuart* (de Londres), *Oppenheimer*, *Taub*, L. *Strauss* (de Paris) ont bien voulu examiner des séries d'objets de cette nature ; ils ont pu se rendre compte de ce que j'avance ; M. *Stern* a bien voulu se charger de l'examen de pierres crues et il a pu constater que la loupe nouvelle permet de reconnaître avec une grande précision le siège des défauts et d'apprécier ainsi l'épaisseur de la couche qu'il faut enlever par la polissure.

Antiquités. — La nouvelle loupe donne des résultats surprenants dans l'examen d'antiquités, de tableaux anciens, etc., dont il s'agit de vérifier l'authenticité. Un expert ayant examiné avec une loupe monoculaire un tableau signé *Vincelet* a conclu évidemment à lui attribuer ce tableau, mais la loupe stéréoscopique, dont il se servit ensuite, lui révéla nettement que ce nom était écrit par-dessous une couche de vernis, ce qui infirmait, sans conteste, sa première supposition.

Examens techniques. — Des nombreux examens techniques, pratiqués généralement avec une loupe, donnent des résultats beaucoup plus précis avec la loupe stéréoscopique. Mentionnons en premier lieu l'examen de papier (M. le Pr *Lippmann* s'est servi de différents échantillons de papier pour la démonstration de notre loupe à l'Académie des Sciences de Paris), d'alliages de métaux (en usage à la Cie de Five-Lille), etc.

Agriculture. — La nouvelle loupe sert pour l'examen des grains et pour la lecture des calculs des diagrammes dynamométriques de machines. (En usage à la station d'Essais de Machines Agricoles du Ministère de l'Agriculture.)

Enfin, la nouvelle loupe pourrait également rendre des services dans les hôpitaux et dans les ménages pour la lecture exacte des graduations du thermomètre pour la température des malades. On confie, en effet, le plus souvent cette lecture, sur des instruments dont la colonne de mercure est extrêmement mince, à des gardes-malades qui ne peuvent pas enfiler une aiguille sans lunette.

La nouvelle loupe demande, surtout dans ses applications industrielles, un certain entraînement de l'observateur avant qu'il soit à même d'apprécier les services qu'elle peut prendre. Nous avons vu des horlogers se servant de la nouvelle loupe avec toujours la tendance de fermer un œil; un grand nombre d'horlogers rapprochent trop l'objet au-delà du foyer, ce qui est inutile pour l'ancienne loupe et empêche la clarté de l'image pour la nouvelle. Le graveur travaille avec la nouvelle loupe en conservant ses anciennes habitudes. Il tient en effet la loupe monoculaire avec deux doigts de la main gauche, fixe avec le petit doigt la plaque et appuie sa tête sur le pouce et l'index. C'est la raison, pourquoi les graveurs préfèrent généralement se servir de l'œil gauche pendant leur travail. Même, avec notre loupe, les doigts de la main gauche restent crispés, comme si le graveur tenait encore la loupe.

Un judicieux et convenable emploi de la loupe nouvelle dans l'industrie ne peut donc se faire que dans les écoles professionnelles d'horlogerie, de gravure, etc.

Nous conseillons aux savants, aux artistes et aux ouvriers habitués à l'ancienne loupe de ne pas se servir de la nouvelle loupe pour leurs travaux avant d'avoir consacré, au préalable, un certain temps à l'examen de différents objets tels que l'engrenage d'une montre, diverses sortes de papier, petites photographies, cendres de cigares, différentes poudres (chaque poudre a, en effet, une forme particulière et l'emploi de la nouvelle loupe peut être d'une grande utilité aux *chimistes* et aux *pharmacologistes*).

Lunette stéréoscopique.

La lunette à verres convexes, servant pour la vision rapprochée, n'étant qu'une loupe binoculaire à long foyer, peut, par le même principe, être transformée en lunette stéréoscopique.

Les verres concaves, inclinés et décentrés, donnent également aux myopes, pour la vision rapprochée, les avantages d'un effet stéréoscopique très marqué, dû à la grande différence des images rétiniennes, qu'ils développent d'un objet rapproché.

Le presbyte, en effet, outre les avantages que l'on connaît obtenus par le grossissement, gagne à se servir de verres convexes décentrés et inclinés, de plus en plus forts avec l'âge, une diminution de plus en plus grande de la convergence et un effet stéréoscopique de plus en plus marqué. De même, l'acuité visuelle du vieillard qui s'émousse avec l'âge, à cause des altérations chorio-rétiniennes (Hirschberg), serait compensée, dans une certaine mesure, par l'augmentation de l'effet stéréoscopique des verres, ce qui lui aiderait pour la vision des objets rapprochés, dans l'observation de leurs détails les plus fins.

Le myope, dont la convergence est toujours difficile, à cause de l'allongement de l'axe de l'œil, profite de verres concaves décentrés et inclinés par une diminution de la convergence et il gagne, par un effet stéréoscopique, ce qu'il perd par la diminution de la grandeur des images rétiniennes.

Le presbyte et le myope ont, en outre, les avantages de pouvoir rapprocher davantage les objets qu'ils ne le faisaient avec les verres de l'ancien système exigeant de tout le monde une convergence pour la distance de 33 centimètres. Cette convergence n'est pas aussi facile pour le vieillard et le malade atteint d'une forte myopie que pour l'emmétrope jeune.

C'est avec raison que *Mauthner* (1) a déjà reproché à ceux qui prescrivent aux vieillards des verres convexes d'un foyer de 7″ de ne

______

(1) *Mauthner*, Optische Fehler des Auges, p. 820.

pas se demander d'abord si, à cette distance, la convergence lui serait encore possible pendant un certain temps.

Les verres inclinés et décentrés rapprochant l'objet donnent de cet objet aux presbytes et aux myopes des images rétiniennes plus grandes ; en outre, avec les verres convexes plus forts, les presbytes profitent d'un coefficient de grossissement d'autant plus fort que les verres sont aussi plus forts ; de même, les myopes profitent d'un coefficient de rapetissement d'autant plus faible que les verres concaves sont plus faibles.

Il est, en effet, impossible de déterminer la limite entre la « loupe binoculaire » et la lunette pour la vision rapprochée. Avec l'ancien système, cette détermination était facile ; des verres grossissants tant qu'ils pouvaient servir à la fois pour les deux yeux formaient une lunette ; un verre grossissant, au contraire, ne pouvant servir que pour un seul œil, était une loupe simple.

M. *Guillaume* a montré, à la Société Française de physique, qu'avec notre lunette-loupe de + 10 D il a pu lire couramment une fine écriture ; ce qui prouve les avantages qu'on peut retirer du nouveau système comme loupe à lecture. Les images rétiniennes sont déjà à cause de leur rapprochement trois fois plus grandes, avec cette lunette-loupe qu'avec la lunette pour la distance de 33 cm. ; en outre le coëfficient de grossissement de + 10 D est, d'après *Mauthner* (1), de 1, 221.

L'effet stéréoscopique et la diminution de la convergence (due à l'action prismatique) des verres convexes ou concaves du nouveau système sont d'autant plus accentués que leur foyer est plus court.

Il convient de remarquer ici que l'effet stéréoscopique d'une lunette du même foyer est très différent, selon les sujets. Par exemple, avec — 3 D de notre système, MM. *Paul* et *Prosper Henry* ont obtenu un effet stéréoscopique très marqué, M. *Jarret*, fabricant d'optique, n'a pu que se rendre compte de cet effet. M. le Pr A. *Koenig* a constaté que les deux images rétiniennes étaient plus différentes qu'avec les verres ordinaires, sans pouvoir apprécier un effet stéréoscopique que nos loupes lui ont permis.

L'entraînement joue incontestablement un très grand rôle dans l'appréciation du relief ; en effet, avec les appareils stéréoscopiques si

(1) *Mauthner, loc. cit.,* p. 186.

répandus à notre époque, le public semble lui aussi arriver à acquérir une plus grande finesse dans l'appréciation du relief. M. le Pr *Paul Meyerheim*, le célèbre paysagiste de Berlin, a bien voulu attirer notre attention sur le fait que les anciens tableaux jusqu'à l'époque de Lucas Cranach ne reproduisaient qu'un relief très vague.

Nous avons pu constater que, chez nous-même, l'appréciation du relief, peut-être défectueuse auparavant par suite de longs travaux au microscope, a augmenté de finesse à la suite d'observations avec nos loupes stéréoscopiques.

On pourrait nous objecter que l'augmentation de la finesse du relief n'a d'avantages réels que pour des savants, des artistes et des artisans, mais qu'elle est inutile pour la lecture et l'écriture. Il nous est facile de répondre qu'une amélioration de la faculté de reconnaître les objets dans tous leurs détails est utile à tout le monde.

La diminution de la convergence, dans la vision rapprochée, du nouveau système (1), sur laquelle il convient d'attirer l'attention, nous semble cependant d'une importance beaucoup plus grande.

Les verres actuellement en usage produisent des symptômes subjectifs tels que fatigue, etc., que des verres décentrés inclinés ne produisent pas. Ces symptômes sont surtout manifestes chez les hypermétropes, et on a voulu, dans tous les traités d'ophtalmologie, les expliquer par une relation de l'accommodation et de la convergence. Citons comme exemple un des traités des plus récents : « En général, les malades sont mécontents au commencement avant d'être habitués aux lunettes ; les verres les gênent et il est bon de les prévenir qu'il en sera ainsi pendant quelque temps. Cette gêne est d'autant plus grande que les verres sont plus forts, ce qui est une raison pour ne pas corriger tout (2). »

Nos recherches nous ont montré que ce mécontentement des malades est dû à un trouble de la coordination des mouvements associés des yeux, se manifestant surtout pendant la lecture et provoqué par l'action prismatique des verres.

Nous savons que, pendant la lecture, les yeux se meuvent par saccades, dont le nombre est, selon les travaux de *Lamare* (3), de 4 à 5

---

(1) Les lunettes stéréoscopiques sont fabriquées chez FRANCK-VALLÉRY, à Paris, 25, boulevard des Capucines.
(2) *Tscherning*, Optique physiologique, p. 87.
(3) LAMARE, cité chez TSCHERNING, *loc. cit.*, p. 278.

pendant la lecture d'une ligne. Voici donc ce qu'il arrive au commencement d'une ligne aussi grande que son écartement pupillaire (voir fig. 6) à un malade auquel on a placé, devant chaque œil, une lentille biconvexe dont les centres correspondent aux centres pupillaires : d'abord aucune action prismatique pour l'œil gauche, et une action adduc-

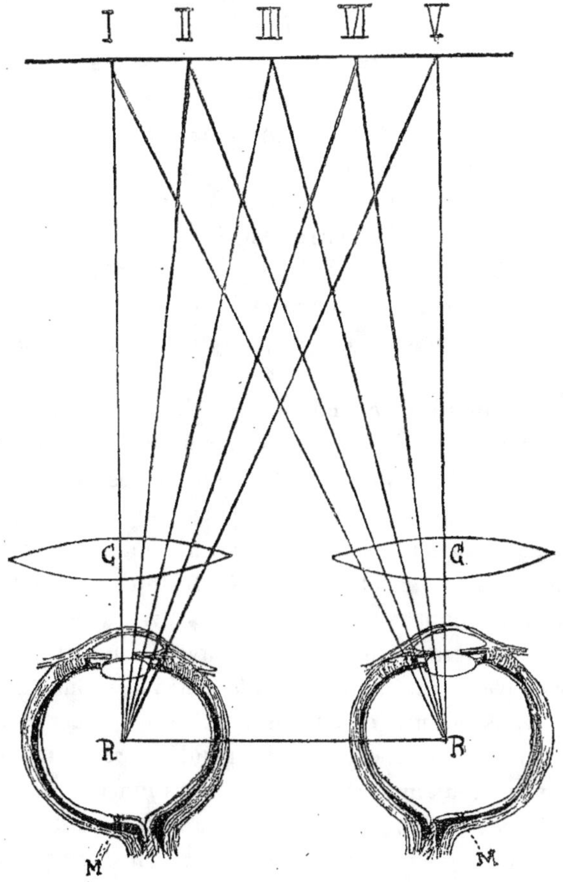

Fig. 6.
Schéma du mécanisme de la lecture, avec les anciens verres.

trice très forte pour l'œil droit; donc après le premier mouvement de saccade, l'œil gauche devrait être en légère adduction, l'œil droit en

adduction assez forte pour qu'ils puissent arriver en même temps sur
le même point, etc. Or les mouvements des yeux sont exécutés pendant
la lecture, selon la coordination enracinée déjà, depuis fort longtemps.
Il s'ensuit que deux images se produisent à deux endroits différents,
occasionnant de la diplopie dont les malades se rendent compte. Les
lettres s'entremêlent et deviennent indistinctes. Les malades disent
eux-mêmes qu'ils y voient bien avec les verres qu'on leur a mis devant
les yeux, car les caractères sont plus gros, mais qu'ils ne peuvent
pas lire.

Par l'exercice, les malades apprennent les nouveaux mouvements
associés des yeux nécessaires pour la lecture à l'aide des verres. C'est
ce que les ophtalmologistes ont appelé « être habitué aux lunettes ».
L'action prismatique des verres est d'autant plus forte que les verres
sont plus forts. Cela nous explique pourquoi, plus les verres sont forts
plus la coordination des mouvements associés des yeux est troublée.
En un mot, la gêne est d'autant plus grande que les verres sont plus
forts.

Cette gêne disparaît quand on emploie des verres décentrés; c'est
un grand mérite de Liebreich d'avoir déjà, en 1861, par des expérien-
ces de clinique, fait valoir leurs avantages, très connus de ses malades
et négligés à tort par nos confrères. Un anatomiste, M. *Triepel*, a d'ailleurs de nouveau tout récemment recommandé des verres décentrés.

L'action prismatique abductrice très forte de verres décentrés et inclinés nous explique aussi leurs grands avantages pour la lecture et
l'écriture. Le mécanisme de la lecture avec les lunettes stéréoscopiques
à verres convexes est indiqué dans le schéma ci-joint (fig. 7).

Nous avons fait usage de lunettes stéréoscopiques chez 200 de nos
malades, et nous avons constaté des résultats très encourageants.

En général, ceux qui se servent de telles lunettes peuvent se livrer à
un travail très prolongé sans éprouver la fatigue de la convergence,
ou bien cette fatigue se manifeste beaucoup plus tard qu'avec les anciens
verres; les observateurs se rendent compte que les objets sont plus
nets avec les lunettes nouvelles; les symptômes d'asthénopie accommo-
dative, mouches volantes, maux de tête, etc., disparaissent. Tous ces
avantages sont d'autant plus ressentis par l'observateur, que le foyer de
ses verres est plus court et, plus grande, la durée de son travail de près.

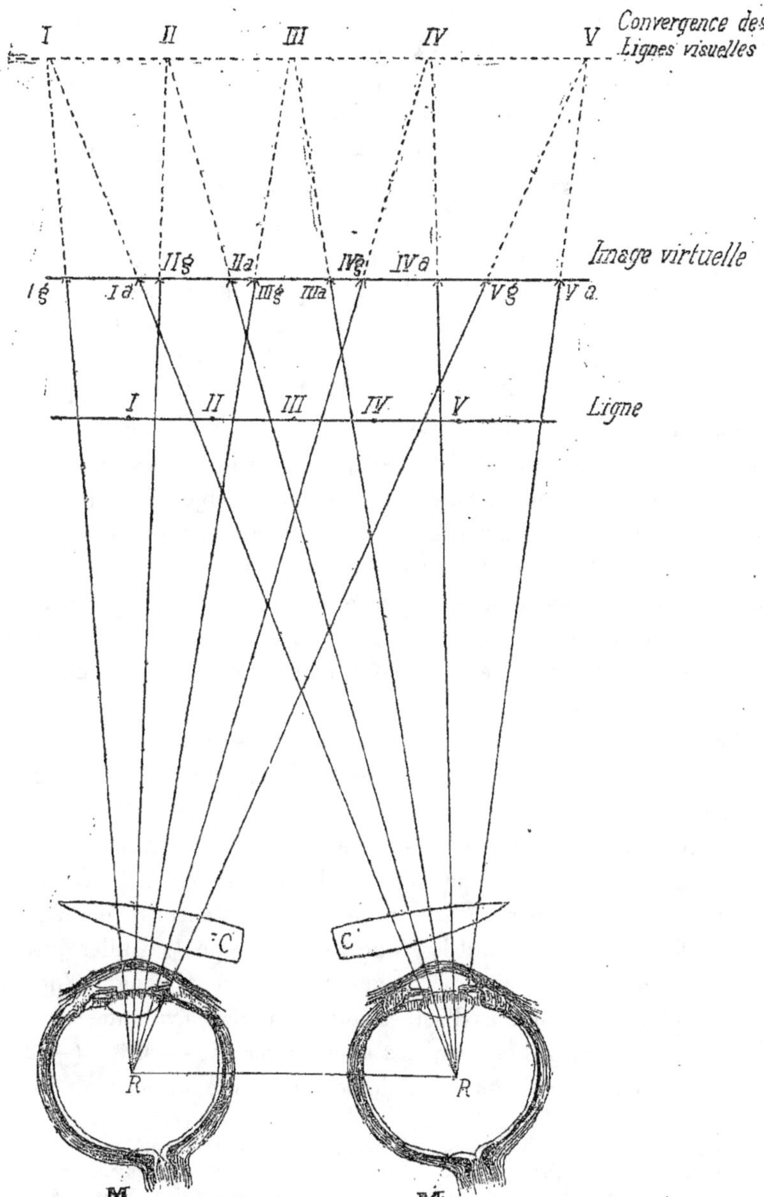

Fig. 7.

Mécanisme de la lecture avec les lunettes stéréoscopiques.

Un certain nombre d'observateurs et en particulier des myopes disent que les caractères seraient plus grands, avec les nouveaux verres. Cette assertion est due à la diminution de la convergence. Nous jugeons, en effet, de la grandeur d'un objet par la grandeur de son image rétinienne et par la distance que nous évaluons par le degré de convergence nécessaire à sa vision. L'agrandissement plus fort et l'action prismatique adductrice de verres d'opérés de cataracte centrés pour la vision éloignée nous expliquent aussi pourquoi ces malades se trompent si facilement sur la distance des objets rapprochés; ils se figurent, en général, ces objets plus proches qu'ils ne le sont. *Schmidt-Rimpler* (1), qui a étudié ce phénomène chez les opérés de cataracte, a voulu l'attribuer à l'extraction du cristallin; l'œil étant privé de son action accommodatrice. En effet, on a constaté que les opérés de cataracte évaluent même moins bien les distances que les borgnes. Ces derniers ont un moyen d'apercevoir le relief : ils remuent l'objet devant l'œil (ou vice-versa); ils utilisent ainsi le déplacement parallactique (2) de l'image de l'objet, en usage chez les savants lorsqu'il s'agit de distinguer les détails avec les instruments d'optique ne servant que pour un œil (ophtalmoscope, etc.). Jamais, d'ailleurs, cette méthode ne permet une appréciation aussi fine du relief que l'examen à l'aide d'un instrument binoculaire et stéréoscopique.

Nous citerons parmi les cas que nous avons observés par hasard quelques-uns qui peuvent démontrer les avantages des lunettes stéréoscopiques.

Mme B..., 28 ans, modiste, se sert de — 5 D pour le travail de près. A cause de la fatigue causée par l'emploi d'anciens verres, elle devait interrompre son travail après 10 minutes ; elle n'éprouve maintenant aucune fatigue, même avant le grand Prix elle a pu travailler jusqu'à 10 heures par jour; — M. J..., 72 ans, professeur de langues (près + 3 D) n'a plus ni symptômes d'asthénopie, ni mouches volantes, ni maux de tête, dont il se plaignait avec les anciens verres; — Mme C (+ 2 D, près), femme charitable qui travaille pendant toute la journée pour les

---

(1) Schmidt-Rimpler, Congrès des Naturalistes allemands, 1899.

(2) Voir : Reimar, Ueber parallactische und perspectivische Verschiebung zur Erkennung von Niveaudifferenzen, bezw. das monoculare körperliche Sehen. Arch. f. Augenheilk, 1900, f. 2, p. 163.

pauvres, trouve « douces » les lunettes stéréoscopiques ; elle peut prolonger son travail sans fatigue pendant des heures ; — M..., K. 45 ans, professeur (— 4 D) fatiguait avec les anciens verres, le nouveau système lui donne le sentiment de « velours » pour les yeux; — M. de C..., 39 ans, docteur en médecine (o. d. — 4 D, o g. — 3 D), est surpris de l'effet stéréoscopique marqué; le travail prolongé ne le fatigue plus; — M. C..., 53 ans, fabricant d'instruments de précision (près, + 1, 5 D) par simple intérêt scientifique a travaillé alternativement un jour avec le même numéro de l'ancien système, un jour avec le même numéro du nouveau système. A la faveur de cette comparaison, il a pu se rendre compte constamment que l'ancien système était fatigant et gênant.

On exige d'un instrument d'optique que les plans principaux des lentilles qui le composent soient perpendiculaires par rapport à la ligne visuelle de l'observateur et que cette ligne corresponde à l'axe optique de l'instrument.

Nous venons de prouver que cette dernière qualité n'était pas applicable aux lunettes pour la vision rapprochée. Quant à la première, on a reconnu, avec raison, la nécessité d'une inclinaison des verres à la verticale pour les lunettes de près. Les porteurs de pince-nez, d'ailleurs, donnent eux-mêmes à cet instrument des inclinaisons variant avec la direction du regard, dans la vision rapprochée. La lunette, à verres inclinés à la verticale, est surtout répandue en Angleterre et dans les Etats-Unis. On a même inventé des mécanismes permettant, à volonté, de donner ou de supprimer cette inclinaison des verres, dans les lunettes servant à la fois pour la vision rapprochée et la vision éloignée.

En donnant aux verres l'inclinaison analogue à l'horizontale, c'est-à-dire une position des plans principaux perpendiculaires aux lignes visuelles convergentes dans le travail de près, et en acceptant la nécessité d'un décentrage de verres tel que *Liebreich* l'avait déjà exigé, on arrive à trouver la forme des lunettes que nous venons de décrire, et à laquelle nous sommes seulement arrivés à la suite de recherches qui ont enfin abouti à la transformation de la loupe simple en loupe binoculaire et stéréoscopique.

Nous avions jugé comme un véritable devoir de ne pas présenter la lunette stéréoscopique aux fabricants d'optique avant d'avoir pris sur cette question l'avis des savants les plus autorisés.

L'effet stéréoscopique de nos verres a été reconnu, par les savants. éminents qui ont bien voulu se charger de la présentation aux Sociétés Savantes de nos appareils, en outre, par M. le Pr *Abbe* (de Jena), MM. Guillaume, Paul et Prosper Henry, les P^{rs} A. *Koenig*, *Kriegar*, *Menzel*, *Lindeck*, etc. La qualité maîtresse du nouveau système est cependant la forte diminution de la convergence. J'avais le choix entre une désignation qui mette bien en évidence cette qualité (1), et la désignation actuelle que j'ai préférée.

Un savant oculiste belge, qui a eu l'occasion d'examiner les nouvelles lunettes pendant plusieurs mois, à sa clinique, écrit dans son avis : « Certes, plus d'un oculiste a mis en pratique soit le décentrage de verres de lunettes, soit (plus rarement) leur inclinaison variable. Mais les deux principes n'ont pas, que je sache, été mis en pratique de concert, combinaison qui cependant permet d'obtenir des effets remarquables. »

Un éminent ophtalmologiste allemand nous écrit : Ich begrüsse die Möglichkeit dies Prinzip in Zukunft in ganzer Vollkommenheit anwenden zu können, und bin überzengt dass es von den meisten unserer Collegen benutzt werden wird da die Anzahl des Fälle, in welchen es seine Anwendung findet, eine aufserordentlich gross ist. (Je salue la faculté de pouvoir employer, dans l'avenir, ce principe dans toute sa perfection, et je suis convaincu que la plupart de nos collègues s'en servira, car le nombre de cas, dans lesquels il est indiqué, est extrêmement grand). »

Les lunettes stéréoscopiques ont été démontrées dans plusieurs Sociétés Savantes, où elles ont suscité un très grand intérêt. On a constaté que ces lunettes permettaient de fournir un effet stéréoscopique intéressant. (Bulletin de la Société Thérapeutique de Paris, séance du 16 mars 1900.)

Nous n'avons nullement l'ambition d'être, tant nos travaux sont modestes, un réformateur de la lunetterie actuelle. Aussi sommes-

---

(1) En Allemagne, seul pays où les inventions sont examinées par des savants, au point de vue de leur nouveauté et de leur utilité, le Reichs-Patent-Amt a enregistré notre invention (D. R. P. N° 106, 127) sous le titre : « Optische Vorrichtung zur Betrachtung nahe gelegener Gegenstände mit parellel gerichteten Augenachsen. »

nous entièrement étrangers aux articles prétentieux de certains journaux politiques concernant notre invention.

L'idéal serait de pouvoir déterminer, à la suite d'un examen ophtalmologique de chaque sujet, la lunette qui corrigerait sa vue. Mais nous sommes encore loin d'avoir obtenu ce résultat. Cependant nous croyons faire œuvre utile que d'apporter à la lunette de près qui est de vente courante les quelques perfectionnements que l'optique et la physiologie du globe sont aujourd'hui en droit d'exiger pour un instrument d'optique d'un usage journalier.

Poitiers. — Imprimerie BLAIS et ROY, 7, rue Victor-Hugo.